内蒙古自治区高等级公路建设施工标准化指南系列

内蒙古自治区高等级公路建设施工标准化指南

第八分册　房建工程

内蒙古自治区交通运输厅
中　国　公　路　学　会
组织编写

人民交通出版社股份有限公司
China Communications Press Co.,Ltd.

内容提要

本书为"内蒙古自治区高等级公路建设施工标准化指南系列"第八分册房建工程，编制目的是规范内蒙古自治区高等级公路建设中房建工程的施工管理，提高房建项目的质量、安全、环保的管控水平，促进房建施工的标准化、规范化、精细化。

本书以现行建筑工程的有关技术规范为依据，并结合交通工程自身特点，对房建工程中的地基与基础工程、主体结构工程、建筑装饰装修工程、建筑屋面工程、建筑给排水及采暖工程、建筑电气工程等在施工及管理方面提出了明确要求。

本书适用于内蒙古自治区高等级公路房建工程的施工及建设管理，可供内蒙古自治区公路工程各参建单位、参建人员使用。

图书在版编目(CIP)数据

内蒙古自治区高等级公路建设施工标准化指南. 第八分册，房建工程 / 内蒙古自治区交通运输厅，中国公路学会组织编写. — 北京：人民交通出版社股份有限公司，2016.1

(内蒙古自治区高等级公路建设施工标准化指南系列)

ISBN 978-7-114-12947-6

Ⅰ. ①内… Ⅱ. ①内… ②中… Ⅲ. ①等级公路—道路施工—标准化管理—内蒙古—指南②路侧建筑物—工程施工—标准化管理—内蒙古—指南 Ⅳ. ①U415.1-65

中国版本图书馆 CIP 数据核字(2016)第 077214 号

内蒙古自治区高等级公路建设施工标准化指南系列

Neimenggu Zizhiqu Gaodengji Gonglu Jianshe Shigong Biaozhunhua Zhinan Di-Ba Fence Fangjian Gongcheng

书　　名：**内蒙古自治区高等级公路建设施工标准化指南　第八分册　房建工程**

著 作 者：内蒙古自治区交通运输厅　中国公路学会

责任编辑：司昌静

出版发行：人民交通出版社股份有限公司

地　　址：(100011)北京市朝阳区安定门外外馆斜街 3 号

网　　址：http://www.ccpress.com.cn

销售电话：(010)59757973

总 经 销：人民交通出版社股份有限公司发行部

经　　销：各地新华书店

印　　刷：北京市密东印刷有限公司

开　　本：880×1230　1/16

印　　张：2

字　　数：35 千

版　　次：2016 年 1 月　第 1 版

印　　次：2016 年 1 月　第 1 次印刷

书　　号：ISBN 978-7-114-12947-6

定　　价：10.00 元

(有印刷、装订质量问题的图书由本公司负责调换)

本册编写人员

主　　编：王　骁

副 主 编：孙雪伟　田明有　李星亮

参编人员：韩　磊　陈德智　王德山　陈李峰

曾庆伟　蒋本华　白　卿　杨　响

冯　伟　卢泽红　张　凯　王　娜

季存建　张宏宇　任宏涛　祁占才

前　　言

“十二五”期间，内蒙古自治区高等级公路建设事业取得了长足发展，“十三五”期间高等级公路建设任务依然十分繁重。为进一步规范公路建设项目施工管理，提高工程管理和技术水平，确保工程质量和施工安全，提升行业文明形象，同时响应交通运输部《关于开展高速公路施工标准化活动的通知》（交公路发〔2011〕70 号）要求，并结合 2011 年推行的《内蒙古自治区高速和一级公路施工标准化管理指南（试行）》及内蒙古自治区高等级公路施工的实际情况，内蒙古自治区交通运输厅组织编写了《内蒙古自治区高等级公路建设施工标准化指南》（以下简称《指南》）。《指南》共十一分册，分别为：工地建设、工地试验室、路基工程、路面工程、桥梁工程、隧道工程、交通安全设施、房建工程、安全生产、环保、管理。

本《指南》主要依据国家、工程建设标准化协会、交通运输部及内蒙古自治区交通运输厅等工程建设主管部门发布的与公路工程建设相关的文件、标准、规范、规程、指南和行业内采取的成熟、先进的施工工艺及管理办法，以及内蒙古自治区高等级公路施工管理中的特点和先进经验编写而成。

本《指南》未提及的，请参照现行相关的标准、规范、规程、规定执行。

本分册为《指南》第八分册房建工程，汲取了内蒙古自治区高等级公路施工管理中的成功经验，同时借鉴了其他省区高等级公路工程管理的科学方法。本分册共有六章内容，包括：地基与基础工程、主体结构工程、建筑装饰装修工程、建筑屋面工程、建筑给排水及采暖工程、建筑电气工程。本分册由内蒙古自治区交通运输厅、中国公路学会主编。由于编制时间和编制水平所限，书中如有不妥甚至错误之处，请广大读者不吝指正。

本《指南》可供内蒙古自治区公路工程各参建单位、参建人员使用。各盟市对其中有关的具体指标可根据实际情况进一步细化和强化要求，对未尽事宜应予以补充完善。各有关单位和从业人员在使用本分册时，如发现问题或提出改进意见，请函告内蒙古自治区交通运输厅（地址：呼和浩特市地质南街 68 号，邮编：010010，联系电话：0471-6968635，电子邮箱：bgs@ nmjt.gov.cn）或中国公路学会咨询部（地址：北京市朝阳区和平街 11 区 37 号楼，邮编：100013，联系电话：010-64958372，电子邮箱：sxw@ sinoroad.com）。

内蒙古自治区交通运输厅

2015 年 11 月

目　录

1　地基与基础工程 ………………………………………… 1
1.1　土方子分部工程 ………………………………………… 1
1.2　基础子分部工程 ………………………………………… 1
2　主体结构工程 ………………………………………… 3
2.1　混凝土结构 ………………………………………… 3
2.2　填充墙砌体工程 ………………………………………… 5
2.3　钢结构工程 ………………………………………… 6
3　建筑装饰装修工程 ………………………………………… 7
3.1　抹灰工程 ………………………………………… 7
3.2　涂饰工程 ………………………………………… 8
3.3　墙面、地面砖 ………………………………………… 9
3.4　玻璃门窗 ………………………………………… 10
3.5　外墙外保温工程 ………………………………………… 11
3.6　玻璃幕墙工程 ………………………………………… 11
3.7　吊顶 ………………………………………… 12
4　建筑屋面工程 ………………………………………… 13
4.1　屋面保温、基层 ………………………………………… 13
4.2　防水层施工 ………………………………………… 13
4.3　保护层 ………………………………………… 14
4.4　瓦屋面 ………………………………………… 14
5　建筑给排水及采暖工程 ………………………………………… 16
5.1　材料质量要求 ………………………………………… 16
5.2　一般规定 ………………………………………… 16
5.3　室内给水安装 ………………………………………… 17
5.4　室内排水安装 ………………………………………… 17

5.5 卫生器具安装 …… 18
6 建筑电气工程 …… 19
6.1 材料质量 …… 19
6.2 电气配管 …… 19
6.3 电气配线 …… 20
6.4 管内穿线 …… 20
6.5 电气照明 …… 21
6.6 灯具安装 …… 21
6.7 开关、插座 …… 22
6.8 照明配电箱 …… 22
6.9 防雷 …… 22

1　地基与基础工程

1.1　土方子分部工程

1.1.1　土方开挖、平整

（1）土方工程施工前应检查工程场地占用计划及落实情况，在工程现场履行必要的文字交接手续。并进行挖、填方的平衡计算，综合考虑土方运距最短、运程合理和各个工程项目的合理施工程序等，做好土方平衡调配，减少重复挖运。

（2）平整场地的表面坡度应符合设计要求，如设计无要求时，排水沟方向的坡度不应小于2‰。平整后的场地表面应逐点检查，检查点为每100~400m^2取1点，但不应少于10点；长度、宽度和边坡均为每20m取1点，每边不应少于1点。

（3）土方开挖前应检查定位放线，合理安排土方运输车的行走路线及弃土场。应经常测量和校核其平面位置、水平高程和边坡坡度。平面控制桩和水准控制点采取可靠的保护措施，并定期对测量放线控制成果及保护措施复测和检查。土方不应堆在基坑边坡。

（4）对雨季和冬季施工的，还应遵守国家现行有关标准。

1.1.2　土方回填

（1）土方回填前应清除基底的杂草树根、废弃的各种有机材料、垃圾等杂物，抽除坑穴积水、淤泥，验收基底高程。

（2）对填方土料应按设计要求验收后方可填入。

（3）填方施工过程中应检查排水措施，每层填筑厚度、含水率控制、压实程度、填筑厚度及压实遍数，应根据土质、压实系数及所用机具确定。

1.2　基础子分部工程

（1）砂、石子、水泥、钢材、石灰、粉煤灰等原材料的质量、检验项目、批量和检验方法，应符合国家现行标准的规定。

（2）天然地基浅基础基槽（坑）开挖后，应采用触探或其他方法进行基槽检验，并提交基槽检验报告；复合地基除应进行静载荷检测试验外，还应进行竖向增强体及周边土的质量检验。

（3）工程桩施工完成后应进行单桩竖向承载力检验。当按规范规定采用静载法时，检验桩数不得少于同条件下总桩数的1%，且不得少于3根，总桩数在50根以内时，不应少于

2 根；大直径端承桩的承载力可根据终孔时桩端持力层岩性报告，结合桩身质量检验报告核验。当设计有要求或设计等级为甲级、乙级的桩基，或地质条件复杂、成桩施工质量可靠性低，或本地区采用新桩型、新工艺时，施工前应采用慢速维持荷载法，按上列检验桩数要求对施工前试桩进行单桩竖向承载力检定。

（4）工程桩施工完成后应进行桩身质量检验。抽检数量应满足下列规定：

①柱下三桩或三桩以下的承台抽检桩数不得少于 1 根；

②设计等级为甲级或地质条件复杂、成桩可靠性较低的灌注桩，抽检数量不应少于总桩数的 30%，且不得少于 20 根，其他桩基工程的抽查不应少于总桩数的 20%，且不得少于 10 根。

对端承型大直径灌注桩，应在上述抽检桩数范围内，选用钻芯法或声波透射法（所有桩应全数预埋声测管）对部分受检桩进行桩身完整性复核检测。抽检数量不应少于总桩数的 10%。

（5）人工挖孔桩终孔时，应进行桩端持力层检验。单柱单桩的大直径嵌岩桩，应视岩性采用超前逐孔检验桩底下 $3D$ 或 5m 深度范围内有无空洞、破碎带、软弱夹层等不良地质条件。

（6）灌注桩检查成孔合格后应尽快灌注混凝土，当有地下水时应采取水下浇灌等措施，并严格控制混凝土的浇筑高度和振捣厚度。直径大于 1m 或单桩混凝土量超过 $25m^3$ 的桩，每根桩应留有 1 组试件，其他桩每个灌注台班不得少于 1 组。

（7）预制桩应严格实行进场验收，核查生产厂家资质、出厂检验报告及合格证、原材料的检验报告、生产记录等；严禁使用质量不合格及在吊运过程中产生裂缝的预制桩。

2 主体结构工程

2.1 混凝土结构

2.1.1 模板分项工程

(1)模板及其支架应根据工程的具体结构形式、荷载大小、地基土类别、施工设备和材料供应等条件进行设计,模板及其支架应具有足够的承载能力、刚度和稳定性(模板支撑体系有经本单位审核审批计算书),能可靠地承受浇筑混凝土的重量、侧压力以及施工荷载。

(2)工程应采取分层分段支模方法。模板的竖向支架、支柱底部支撑在地基土层时,基土必须坚实,并铺设垫板;雨期施工应有排水和防基土沉陷措施,冬期施工应有防基土冻涨或融陷措施。底部支撑在下层楼板顶面时,应铺设垫板,上、下层支架的立柱应对准。

(3)模板安装应拼缝严密平整、不漏浆、不错台、不跑模、不涨模、不变形。模板封堵缝隙的胶条、压缝软管或塑料泡沫条等物,不得突出模板表面,严防浇入混凝土内。预埋件、螺栓、插铁、水、电管线、箱盒,埋设位置尺寸应准确、固定牢靠。

(4)混凝土接槎处施工缝模板安装前,应预先将已硬化混凝土表面层的水泥薄膜或松散混凝土及其砂浆软弱层剔凿、清理干净。外漏钢筋插铁沾有灰浆、油污应清刷干净。

(5)模板拆除时,结构混凝土强度应符合规范和设计要求。

①侧模板拆除时,混凝土强度应以能保证其表面及棱角不因拆模而受损坏,预埋件或外漏钢筋插铁不因拆模碰挠而松动。

②底模及其支架拆除,当设计无要求时,混凝土强度应符合表 2-1 要求。

底模拆除混凝土强度要求 表 2-1

构件类型	构件跨度(m)	达到设计的混凝土立方体抗压强度标准值的百分率(%)
板	≤2	≥50
	>2,≤8	≥75
	>8	≥100
梁、拱、壳	≤8	≥75
	>8	≥100
悬臂构件	—	≥100

(6)楼板模板宜采用整张多层板(木、竹),尽量采用酚醛覆面的多层板,该种面板经多次使用后边缘受损,要及时进行切割,确保多层板边缘平整。严禁使用不合格、已变形的小钢模。

(7)为了有效地清除柱、梁板模板中留下的杂物,必须考虑在适当的地方留置清扫口。

(8)定位模板的钢筋支撑不得直接焊在主筋或箍筋上。

(9)全长、全高要拉通线,注意通线拉好后不要撤,随打混凝土随观察模板有无变形走位,以便于及时调整模板。

2.1.2　钢筋分项工程

(1)框架结构,纵向受力钢筋应满足设计要求;箍筋弯钩的弯折角均为135°,弯钩平直部分的长度应不小于箍筋直径的10倍。

(2)钢筋连接接头(直螺纹、电渣压力焊、气压焊3种)不宜设在框架梁端、柱端的箍筋加密区。绑扎梁和柱的箍筋,应与受力筋垂直绑牢,每个箍筋弯钩的叠合处,应沿受力钢筋方向相互间隔错开设置。

(3)因缺少设计规定的钢筋品种、规格而采用其他品种、级别、规格的钢筋替换时,应办理设计变更洽商手续。

(4)钢筋的绑扎接头、焊接接头、锚固长度等构造措施应符合规范、平法图集及设计要求。

(5)钢筋的混凝土保护层厚度和保证措施必须符合现行规范、标准和设计要求。为保证钢筋保护层厚度尺寸及钢筋定位的准确性,应采用工程塑料制作的保护层定位夹或水泥砂浆垫块,垫块强度要高于构件本体混凝土强度,水灰比不大于0.4,墙、板垫块尺寸为30mm×30mm,梁、柱尺寸为50mm×50mm。构件侧面和底面的垫块应至少4个/m^2,绑扎垫块和钢筋的铁丝头不得深入保护层内。

(6)绑扎板负弯矩筋时,用先制作好的“铁马”垫至设计高度,间距500mm,以防止浇灌时踩坏负筋。采用双层钢筋网时,在上层钢筋网下面应设置钢筋撑脚,每隔1m放置1个。

(7)施工人员应站在自制架体上进行浇筑,避免钢筋被踩踏变形、移位。凡有透过混凝土面层的钢筋支撑端头或铁马支承点,其端头应预先涂防锈漆或加塑料套垫。

2.1.3　混凝土分项工程

(1)混凝土在施工现场自行搅拌生产,应具备以下条件:

①上料系统程序合理,运行可靠,计量系统先进准确,并经计量检定合格,采用地磅或吊磅;人力小车计量者,必须有严格的质量控制责任制。

②水泥、外加剂、掺和料应入库房(棚、罐)妥善保管。按进场批量、生产厂、品种、生产日期等分类堆、储、放,并挂牌标识,说明复验单编号和质量状态。库房应有防潮、防雨等措施。

③砂、石应堆放在硬底场地,分品种、规格以墙相隔堆放,严防混料或混入杂物,并挂牌标识,注明产地、规格和质量状态。

④混凝土的配合比,必须由具备相应试验资质等级的试验室提供。搅拌启用配合比应组织开盘鉴定。经试拌将设计的配合比调整为施工配合比后经鉴定进行生产搅拌。原材料每盘称量的允许偏差,水泥、掺和料为±2%,粗、细集料为±3%,水、外加剂为±2%。混凝

土搅拌操作台,必须设混凝土搅拌配合比标牌。

(2)使用商品混凝土必须考察供应商的设备、场地、材料、资质情况,经批准后方可使用(经驻地办、总监办考察、审批合格后)。

(3)同条件养护试块应按要求留置,应该按要求随楼层和部位留置,并妥善保管。

(4)混凝土结构的施工应经细规划浇筑顺序,以尽量减少新浇混凝土硬化收缩过程中的约束拉应力与开裂。施工缝接槎前,应清理松散混凝土及石子,冲洗、湿润,不得有明水,混凝土强度达到1.2MPa,浇筑前应在接缝面上先铺一层厚度为5~10cm的同配合比水泥砂浆。

(5)浇筑混凝土前,应完成隐蔽工程验收。检查模板拼缝严密、平整度,消除模内杂物或冰雪。检查预埋件、箱盒、孔洞位置、保护层厚度及其定位措施的可靠性。严防浇筑振捣踩压钢筋骨架。

(6)混凝土浇筑后,应在12h以内及时覆盖养护(冬季施工做好保温、升温措施,防止混凝土受冻),严防脱水、裂缝。对于坍落度较大的混凝土,应采取在终凝前二次抹平搓毛的方法,以控制混凝土由于塑性变形较大产生的裂缝。混凝土面采用塑料薄膜养护,应覆盖封闭严密,防风吹敞露,保护膜内潮湿;采用浇水养护,应设专人喷水,确保混凝土保持湿润;大体积混凝土养护,应有控温、测温措施。

2.2 填充墙砌体工程

(1)蒸压加气混凝土砌块、轻骨料混凝土小型空心砌块等进入现场必须放置28d后方可砌筑,运输、装卸过程中,严禁抛掷和倾倒。码垛时应按不同规格分类,码放整齐,堆放高度不超过1.5m。加气混凝土砌块应有防雨、排水措施。

(2)砌筑前应绘制砌块排列图,预先试排砌块,并优先使用整块砌块,蒸压加气混凝土砌块搭砌长度不应小于砌块长度的1/3,且不应小于150mm,轻骨料混凝土小型空心砌块搭砌长度不应小于90mm,竖向通缝不应大于2皮砌块。不得已需切锯、镂槽、孔等均应使用专用工具进行。

(3)砌体灰缝应横平竖直,砂浆饱满,垂直缝宜用内外临时夹板灌缝,空心砌块灰缝应为8~12mm,加气块的水平灰缝及竖向灰缝宽度分别宜为15mm和20mm。

(4)填充墙砌至接近梁、板底时,应留一定空隙,待填充墙砌筑完并应至少间隔7d后,再将其补砌挤紧。

(5)窗台高程处应设置通长现浇钢筋混凝土板带,设计无要求时,纵向配筋应不少于3ϕ8mm,混凝土强度等级C20。

(6)墙体高度大于4m,长度超过5m,应在墙体中增设垂直或水平钢筋混凝土现浇带,设计无要求时,宽度同墙厚,高度为120mm,内配通长钢筋4ϕ10mm,混凝土强度等级C20。

(7)拉结筋应采用化学植筋后埋法,孔深度80mm±5mm,孔径10mm±1mm。构造柱或卧梁与结构构件采用化学植筋后埋法连接时,钢筋的锚固度为10d,孔径应大于D+4mm,离开混凝土基面的钢筋预留度应不小于20d,且不小于200mm。用空压机或手动气筒彻底吹净孔内碎渣和粉尘,再用丙酮擦拭孔道,并保持孔道干净,植筋安装前除掉钢筋表面的锈蚀层。

（8）植筋应做拉拔试验，同规格、同型号、基本相同部位的植筋组成一个检验批，抽取数量按每批植筋总数的1‰计算，且每层不少于3根（每植筋完一层后从中抽检见证取样）。检验方法可采用非破坏性检验，详见现行《混凝土结构后锚固技术规程》（JTG 145—2013）的有关规定。

2.3　钢结构工程

（1）进行钢结构设计和施工的单位必须具有相应的资质。

（2）钢结构必须经有相应资质的检测单位检测。其整体垂直度、整体平面弯曲度、网架挠度、高强螺栓的终拧扭距检测、涂料厚度需监理单位见证检测（测量）。

（3）钢结构工程中如采用了国外进口钢材，钢材混批，板厚大于或等于40mm、且设计有Z向性能要求的厚板，建筑结构安全等级为一级、大跨度钢结构中主要受力构件所采用的钢材，设计有复验要求的钢材，对质量有疑义的钢材，应在业主、监理见证情况下进行抽样复验，其复验结果应符合现行国家产品标准和设计要求。

（4）钢结构所采用的原材料、半成品、成品须有质量合格证，中文标志及检验报告。

（5）钢结构施工单位应进行图纸会审，并编制施工组织设计或技术方案，施工过程中须与土建单位配合默契，安装钢结构前，须对地脚螺栓进行严格验收。

（6）钢结构施工单位必须严格按图施工（图纸设计深度要达到施工要求），特殊情况需进行材料代换，必须经过设计单位同意。

（7）钢结构施工单位对其首次采用的钢材、焊接材料、焊接方法、焊后热处理、负温下焊接等，应进行焊接工艺评定，并应根据评定报告确定焊接工艺。

（8）钢结构安装时，必须控制屋面、楼面、平台等的施工荷载，严禁超过设计图纸和相应规范要求。

3 建筑装饰装修工程

3.1 抹灰工程

(1)水泥宜采用普通水泥或硅酸盐水泥。水泥强度等级宜采用32.5级以上颜色一致、同一批号、同一品种、同一强度等级、同一生产厂家的产品。

(2)砂宜采用平均粒径0.35~0.5mm的中砂。细砂也可使用,但特细砂不宜使用。抹灰用砂要求颗粒坚硬洁净、使用前必须过筛(筛孔不大于5mm)。不得含有黏土(不得超过2%)、草根、树叶、碱质及其他有机物等有害杂质。

(3)磨细石灰粉其细度过0.125mm的方孔筛,累计筛余量不大于13%,使用前用水浸泡使其充分熟化,熟化时间不少于3d。

(4)基层处理。

①混凝土墙基层处理。将混凝土表面凸出部分剔平,将蜂窝、麻面、漏筋、疏松部分剔到实处,用胶黏性素水泥浆或界面剂涂刷表面,然后用1∶3的水泥砂浆分层抹平。将光滑的表面清扫干净,用10%火碱水除去混凝土表面的油污后,将碱冲洗后晾干,采用机械喷涂或用笤帚甩上一层带胶水泥细砂浆,使其凝固在光滑的基层表面,甩浆要形成毛刺状,甩浆后要用喷雾器保湿养护至手掰不动为好。

②加气混凝土墙基层处理。在抹灰前应对松动及灰浆不饱满的拼缝或梁板下的顶头缝用砂浆填塞密实。将墙面凸出部分或舌头灰剔凿平整,并将缺棱掉角、坑凹不平和设备管线槽、洞等同时用1∶1∶6水泥混合砂浆(掺20%建筑胶)分层补平,每遍厚度5~7mm,待灰层凝固后,用水湿润。

③堵门窗口缝及脚手眼、孔洞等,堵缝工作要作为一道工序安排。门窗框安装位置准确牢固,用1∶3水泥砂浆将缝隙塞严,外门窗框与墙体的缝隙应用聚氨酯发泡材料嵌实。外墙脚手眼、孔洞,用水冲洗干净后,用细石混凝土堵洞并做好养护措施(严禁用碎砖头堵洞),做砂浆中掺水泥用量6%的防水,要求砂浆饱满。

④填充墙墙面与框架梁柱交接处,应用网扣10~15mm×10~15mm和钢丝直径为22号的钢丝网沿缝钉盖,钢丝网宽度200mm,网面应平整,无明显鼓起。

(5)基层处理后抹灰前必须经过检查验收,验收前施工单位应通知质监部门,并做好隐蔽工程验收记录。

(6)抹灰前应吊垂直、套方、找规矩、做灰饼、充筋。抹灰的外墙门窗口(贴墙砖的外墙面做瓷砖滴水)用素水泥浆嵌塑料滴水条(或铝合金宽5mm),嵌时控制好抹灰层厚度,嵌条要求用贴线板贴直、贴平。

(7)抹底层灰应先刷掺水重10%的建筑胶水泥浆一道(水灰比0.4~0.5),随刷随抹灰,每层厚度控制在5~9mm为宜,分遍抹平,大杠刮平,木抹子搓毛,终凝后开始养护,每层抹灰不宜跟得太紧,以防收缩影响质量。外墙应采用防水砂浆(尤其是一层窗台以下部分)。

(8)有外墙涂料的外墙抹灰应设分格条,根据图纸要求弹线分格、粘分格条。分格条采用一次性耐腐蚀塑料条,宽度为15mm,每层最少一道(抹灰分割缝提前做好平面图)。

(9)抹灰常温24h后应喷水养护,养护时间不少于3d。

(10)现浇混凝土楼板顶棚应做成清水混凝土,混凝土密实整洁,面层平整,墙板交角、线、面顺直清晰,起拱线、面平顺。

(11)在抹檐口、窗台、窗眉、阳台、雨蓬、压顶和突出墙面的腰线以及装饰凸线时,应将其上面做成流水坡度,高差15mm,严禁出现倒坡。在外墙有挑檐、腰线、装饰凸线的地方,设计无要求时应增加一道卷材或涂膜防水层。下面宽度小于10cm的做成鹰嘴,鹰嘴高差不小于15mm;大于10cm的做成滴水槽,采用一次性宽、深度不小于10mm的铝合金或塑料"U"形槽。流水坡度及滴水线(槽)距离外墙皮统一为50mm。

(12)外墙的抹灰层与基层之间及各抹灰层之间必须黏结牢固。抹灰工程的表面质量应洁净,颜色均匀,分格缝和灰线应清晰美观。护角、孔洞、槽、盒周围的抹灰表面应整齐、平顺,管道后面的抹灰表面应平整。

(13)一般抹灰工程质量的允许偏差和检验方法应符合表3-1的规定。

一般抹灰的允许偏差和检验方法　　表3-1

项　目	允许偏差(mm)	检验方法
立面垂直度	3	用2m垂直检测尺检查
表面平整度	3	用2m靠尺和塞尺检查
阴阳角方正	3	用直角检测尺检查
分格条(缝)直线度	3	拉5m线,不足5m拉通线
阴阳角直线度	3	用钢直尺检查
墙裙、勒脚上口直线度	3	拉5m线,不足5m拉通线,用钢直尺检查

(14)抹灰时对预埋件、线槽、盒、通风篦子、预留孔洞应采取保护措施,防止施工时灰浆漏入堵塞。

3.2　涂饰工程

(1)涂饰工程前施工的承接方与完成方必须进行交接检查,并对可否继续施工做出确认。

(2)涂饰工程应涂饰均匀、黏结牢固,不得漏涂、透底、起皮和反锈。涂饰质量和检验的方法应符合表3-2的规定。

涂料的涂饰质量和检验方法 表 3-2

项目	普通涂饰	高级涂饰	检验方法
颜色	均匀一致	均匀一致	观察
光泽、光滑	光泽基本均匀，光滑无挡手感	光泽均匀一致，光滑	观察、手摸检查
刷纹	刷纹通顺	无刷纹	观察
裹棱、流坠、皱皮	明显处不允许	不允许	观察
装饰线、分色线直线度允许偏差(mm)	2	1	拉 5m 线，不足 5m 拉通线，用钢直尺检查

注：无光色漆不检查光泽。

（3）刷浆时室内外门窗、玻璃、水暖管线、电器开关盒、插座和灯座及其他设备不刷（喷）浆的部位，及时用废报纸或塑料薄膜遮盖好。为减少污染，应事先将门窗口周围（20cm）用排笔刷好后，再进行大面积浆活的施涂工作。

（4）采用室内腻子作为装饰面层，腻子应经检测满足现行《建筑室内用腻子》（JG/T 298—2010）中的技术要求。刮腻子时抹灰层含水率不得大于 8%。腻子应分遍刮抹，不少于 3 遍，厚度均匀一致，不超过 1mm。厨房、卫生间墙面必须使用耐水腻子。腻子应平整、光滑、洁净，坚实牢固，无粉化、起皮和裂缝。室内腻子装饰面层质量和检验方法，应符合表 3-3 规定。

室内腻子装饰面层质量和检验方法 表 3-3

项目	允许偏差(mm)	检验方法
立面垂直	2	用 2m 垂直检测尺检查
表面平整度	2	用 2m 靠尺和塞尺检查
阴阳角方正	3	用直角检测尺检查
棱角直线度	3	拉 5m 线，不足 5m 拉通线，用钢直尺检查
墙裙、勒脚上口直线度	3	拉 5m 线，不足 5m 拉通线，用钢直尺检查

3.3 墙面、地面砖

（1）外墙砖的吸水率不得大于 6%，外墙面砖冻融循环应满足 40 次。

（2）外墙面砖宜采用背面有燕尾槽的产品。找平、勾缝应采用具有抗渗性的找平、黏结材料。找平层应分层施工，严禁空鼓，每层厚度不应大于 7mm，且应在前一层终凝后再抹后一层，找平层厚度不应大于 20mm，若超过此值，必须采取加固措施，找平层的表面应刮平搓毛，并在终凝后浇水养护。外墙饰面砖工程，应进行饰面砖黏结强度检验。在水平阳角处，应采用顶面面砖压立面面砖（阳角处对角瓷砖割角 45°对缝）、立面最底一排面砖压底平面砖等做法。

(3)饰面砖工程施工前应做出样板,经建设、设计和监理等单位根据有关标准确认后方可施工。

(4)地板砖每层必须出排砖图,经审批后方可大面积施工。

(5)卫生间地砖、墙砖不允许甩项验收。厕浴间和有防水要求的楼板四周除门洞外,应做混凝土翻边,其高度不应小于120mm,要求与楼板整体浇筑。卫生间、厨房地砖应采用防滑地砖,坡度符合设计要求,不倒泛水,无积水(厨房、卫生间每个房间逐个做排水试验检查);与地漏、管道结合处应严密牢固,无渗漏。

(6)楼梯踏步应采取防滑措施。楼层梯段相邻踏步高差不应大于10mm,防滑条应顺直、牢固。

(7)饰面砖、地砖的表面应光洁、方正、平整、质地坚固,其品种、规格、尺寸、色泽、图案应均匀一致,不得有缺棱、掉角、暗痕和裂纹等缺隙。

(8)墙面突出物周围的饰面砖应整砖套割吻合,边缘应整齐,踢脚板出墙厚度宜为8mm(踢脚板厚度),办公室内踢脚板施工完后同墙面平齐。

(9)甩项地面水泥砂浆或混凝土找平层与其下一层应结合牢固,不得有空鼓、裂缝、起灰等缺陷,表面应搓平拉毛,表面平整度允许偏差5mm,养护时间不应少于7d,抗压强度应达到5MPa后,方准上人行走。

3.4　玻璃门窗

(1)组合窗拼装立挺两端应与主体结构固定;门窗工程要求采用后掩口安装方式,三扇组合窗要求中间扇固定。

(2)框与墙间的填充料要求使用发泡剂,禁止使用矿棉填塞。

(3)门窗工程要求使用专用转角料。所有拼装缝要求打胶,免渗水。密封胶要求使用硅铜系列密封胶,要求涂打饱满到位。所有胶条要求使用橡胶胶条,不得使用橡塑或再生胶条。

(4)所有门窗工程必须进行三性检测,合格后方可安装。

(5)推拉窗结构型材壁厚不得小于1.4mm。平开铝合金窗结构型材壁厚不小于1.4mm。

(6)平开铝合金门应选用专用型材,其结构型材壁厚不得小于2.0mm,外开门应加限位及闭门装置。

(7)铝合金地簧门其结构型材壁厚不得低于2.0mm,70系列地簧门单扇宽不大于800mm。

(8)塑料门窗型材内衬型钢断面结构及壁厚必须符合设计及规范要求,且不得小于1.4mm,并做防腐处理。

(9)铝合金门窗框的承插连接均应按要求先涂胶再固定,或按工艺要求在连接断面加设防水布。

3.5　外墙外保温工程

(1)保温板与墙体必须连接牢固,安全可靠,锚栓度为保温板设计厚度加50mm、锚入墙内长度不小于50mm,每平方米宜设5~8个。

(2)保温板面及门窗口EPS板如有缺损,应予用聚合物水泥砂浆找补,要求均匀一致,不得露底。修补和找平厚度不得大于10mm。

(3)保温板与墙体的自然黏结强度应大于保温板本身的抗拉强度。

(4)窗框与窗口墙交接的缝隙,不得用水泥砂浆堵塞,应采用保温材料,并在窗框与墙体抹灰层的周边用嵌缝油膏密封,以免在两种不同的材料的界面处开裂。

(5)灰层之间及抹灰层与保温板之间必须黏结牢固,无脱层、空鼓现象。

(6)防止保温板在拼缝处、门窗四角处裂开,应附加网片,网片尺寸为400mm×200mm,与窗口呈45°。

(7)注意环境影响,施工应避免大风天气,当气温低于5℃时,停止面层施工。当气温低于-10℃时,停止保温板安装。

3.6　玻璃幕墙工程

(1)幕墙设计要给制作、安装、监理等各方面人员在不经任何解释的情况下能完全看懂,因此,图纸应该完整、详尽,表达方式应规范化。

(2)玻璃幕墙设计应采取防雨水渗漏性能的措施,必要时应分层进行抗雨水渗漏性能的淋水试验,杜绝渗漏现象发生。

(3)幕墙用型材应符合现行《铝合金建筑型材》(GB 5237)中规定的高精极要求,阳极氧化膜厚度不应低于现行《铝及铝合金阳极氧化膜与有机聚合物膜　第1部分:阳极氧化膜》(GB/T 8013.1—2007)中的有关规定。

(4)建筑幕墙应进行风压变形性能、雨水渗漏性能、空气渗透性能、层面变位性能等多项物理性能指标的测试。幕墙所用结构胶、耐候胶等其他材料按规定同步进行使用前检测,在幕墙构件安装之前进行。

(5)连接体与立柱安装节点应有三维调节余量,玻璃幕墙不同金属材料接触处,应设绝缘垫片(一般厚度1mm)或采取其他防腐蚀措施,绝缘片的大小不小于接触面积,以保证铝合金立柱与不同钢材连接件直接接触,立柱与梁接触处应设置柔性垫片。立柱接头应有一定的空隙,并采用套筒连接法。

(6)活动接头通过芯柱连接上下立柱,芯柱与上柱密接、滑动配合,与下柱用螺栓固定,芯柱套入上下柱的度为200mm,保证幕墙的平面度。

(7)安装立柱和梁,应严格控制垂直度和平整度,玻璃板块加工时应注意注胶厚度、附框的平整度,在结构胶固化时间内免受力。

(8)应加强施工过程中的隐蔽工程验收。应特别注意幕墙构件与结构主体之间节点的连接、幕墙四周与结构连接的接头处理,幕墙伸缩变形缝包括上下封口及墙面转角节点、防雷接地节点、立柱活动接头节点、梁柱连接节点、附框连接节点、防火保温设施、内排水节点、玻璃板材与立柱固定节点等，都应随工程进展及时进行隐蔽工程验收。

3.7　吊顶

(1)根据吊顶的设计高程，允许在水平面上偏差±5mm。

(2)吊筋所用的镀锌铁丝不得小于8号，且必须要膨胀螺栓做吊点。

(3)如采用木龙骨，其材料必须是无开裂无扭曲的红、白松木，主龙骨的规格不能小于50mm×70mm。

(4)涂料必须要滚筒上漆，顶面必须平整、无明显坑洼。

(5)卫生间的罩面板不能采用受潮易变形的石膏板、矿棉板、胶合板等，应选用金属扣板或塑料板。

(6)罩面板表面应平整、光洁、接缝顺直、宽窄均匀，不得有缺棱掉角、开裂等缺陷。

(7)罩面板与龙骨及龙骨架的各接点，必须连接紧密、无松动、安全可靠。

(8)所有的木龙骨必须涂上防火涂料，直接接触墙面的或安装在卫生间里的木龙骨还要涂刷防腐剂。

4 建筑屋面工程

4.1 屋面保温、基层

(1)伸出屋面的管道设备和预埋件,应在防水层施工前安装完。

(2)屋面保温层铺设完毕后,根据屋面排水做好找坡坡度。

(3)保温层上防水基层分格面积不大于 6m×6m,分格缝宽 20mm。

(4)天沟纵向坡度 1%,沟底水落差不超 200mm,不得流经变形缝。

(5)防水找平层要平整,不得有松酥、起砂、起皮现象。

(6)铺设防水层前,基层必须干净、干燥。

4.2 防水层施工

(1)天沟、檐沟、泛水、立面卷材的端部应裁齐,塞入凹槽内,用金属压条钉压固定,最大钉距 600mm,用密封材料封严。女儿墙较低时,卷材铺到压顶上,上用金属或钢筋混凝土盖压;墙体为砖时,留凹槽将卷材收头压实,用压条钉压,密封材料封严,抹水泥砂浆或聚合物水泥砂浆保护,凹槽离屋面保护层 250mm 以上;墙体为混凝土时,卷材收头可采用金属压条钉压,并用密封材料封固。

(2)卷材防水层与突出屋面的交界处,要做圆弧,水落口周围做成略低的凹坑,沥青防水卷材 100~150mm,改性沥青 50mm。

(3)设施基座与结构层相连时,防水层应包裹设施基座的上部,并在地脚螺栓周围做密封处理;在防水层上放置设施时,设施下部的防水层应做卷材增强层,必要时应在其上浇筑细石混凝土,厚度不小于 50mm;需经常维护的设施周围和屋面出入口至设施之间的人行道应铺设刚性保护层。

(4)天沟、檐沟应增铺附加层,与屋面交接的附加层要空铺,宽度不小于 200mm。

(5)卷材不得翘边、鼓泡,缝口封严;排气道应纵贯通,间距 6m,屋面面积每 $36m^2$设一排气管,规格 50mm,高出保护层 250mm,根部做成直径 300mm 的圆锥台。

(6)伸出屋面的管道周围的找平层要做成圆锥台,管道与找平层间留凹槽,并填密封材料;防水收头处用金属箍,用密封材料填严(金属箍的规格为 20×1mm 的扁钢),做法如图 4-1所示。

(7)水落口的埋设高程应考虑水落口设防时增加的附加层和柔性密封层的厚度及排水坡度加大的尺寸;水落口周围直径 500mm 范围内坡度不小于 5%,并用防水涂料涂封,厚度不小于 2mm。水落口与基层接触处,留宽 20mm、深 20mm 凹槽,填密封材料。

(8)屋面垂直出入口防水收头,应压在混凝土压顶下;水平出入口防水收头,应压在混凝土踏步下,防水层的泛水应设护墙。

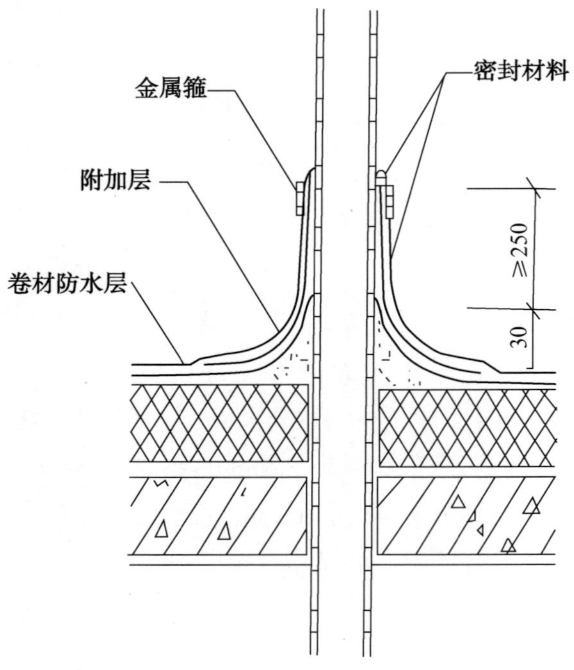

图 4-1　伸出屋面管道(尺寸单位:mm)

4.3　保护层

(1)柔性防水层设保护层,注意介格大小和缝宽:水泥砂浆分格面积 $1m^2$,介格宽 20mm;细石混凝土分格面积 $36m^2$,介格宽 20mm;块材分格面积 $100m^2$,介格宽 20mm;刚性保护层与女儿墙间留 30mm 以上空隙,填密封材料。

(2)高低跨的防水处理,要采用足够变形能力的材料和构造措施,屋面受水冲刷的部位要加铺一层卷材附加层,上铺 300~500mm 宽板材保护。

4.4　瓦屋面

(1)瓦屋面与立墙及突出结构的交接处要做泛水处理。防水层伸入瓦内的长度不小于 100mm。

(2)瓦屋面斜天窗做法,如图 4-2 所示。

(3)顺水条、挂瓦条分档均匀,瓦面平整,屋脊顺直,无起伏。

(4)瓦屋面的有关尺寸要求:

①脊瓦在两面的搭盖长度,不小于 40mm。

②瓦伸入天沟、檐沟的长度 50~70mm。

③天沟、檐沟的防水层伸入瓦内不小于 100mm。

④瓦头挑出封檐板的长度 50~70mm。

⑤突出屋面墙的侧面瓦伸入泛水长度不小于 50mm。

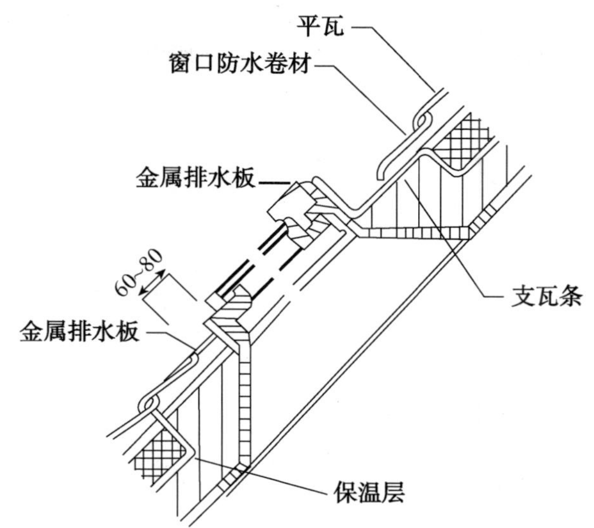

图 4-2 平瓦屋面屋顶窗(尺寸单位:mm)

⑥突出瓦面的结构,在迎水面要做不低于 30mm 的防水砂浆。

(5)压型板挑出墙面的长度不小于 200mm;伸入檐沟内的长度不小于 50mm;与泛水的搭接宽度不小于 200mm。

(6)管道根部直径 500mm 的范围内,找平层应抹出高度不小于 30mm 的圆台;根部周围应增设附加层,宽度和高度均不小于 300mm;防水收头用金属箍,并用密封材料封严。

5　建筑给排水及采暖工程

5.1　材料质量要求

(1)工程所使用的主要材料、成品、半成品、配件、器具和设备必须具有中文质量合格证明文件,规格、型号及性能检测报告应符合国家技术标准或设计要求,进场时应做检查验收,并经监理工程师核查确认。

(2)主要器具和设备必须有完整的安装使用说明书,在运输、保管和施工过程中,应采取有效措施防止损坏或腐蚀。

(3)实行生产许可证和安全认证制度的产品,应有许可证编号和安全认证标志。

(4)凡列入登记备案管理范围的建设工业产品,均应登记备案并取得当地工业产品备案证,未办理登记备案手续的,不得用于建设工程中。

5.2　一般规定

(1)管道和设备安装前,必须清除内部污垢和杂物,安装完毕的敞口处,应临时封闭。

(2)管道穿过基础、墙壁和楼板,应配合土建预留孔洞。给水引入管,管顶上部净空一般不小于100mm;排水排出管,管顶上部净空一般不小于150mm。

(3)管道穿过地下室或地下构筑物外墙时,应采取防水措施。对有严格防水要求的,应采用柔性防水套管,一般可采用刚性防水套管。参照标准图集或施工手册进行。

(4)在同一房间,安装同类型的采暖设备、卫生器具及管道配件,除有特殊要求外,应安装在同一高度上。

(5)采暖、给水及热水供应系统的塑料管及复合管垂直或水平安装的支架间距应符合下列规定:DN≤25,间距500mm;DN>25,间距1 000mm;钢管水平安装的支吊架间距2 500mm一个。采用金属制作的管道支架,应在管道与支架间加衬非金属垫或套管。

(6)采暖、给水及热水供应系统的金属立管管卡安装,层高小于或等于5m,每层须加1个;层高大于5m,每层不得少于2个。管卡安装高度距地面1.5~1.8m,2个以上应匀称安装,同一房间管卡应安装在同一高度上。

(7)弯制钢管,弯曲半径:

①热弯:应不小于管子外径的3.5倍;

②冷弯:应不小于管子外径的4倍;

③焊接弯头:应不小于管子外径的1.5倍;

④冲压弯头:应不小于管子外径。

(8)管道的对口焊缝或弯曲部位不得焊接支管。弯曲部位不得有焊缝,接口焊缝距起弯点应不小于一个管径,且不小于 100mm;接口焊缝距管道支、吊架边缘应不小于 50mm。不宜在管道焊缝及其边缘上开孔。

(9)管道穿过墙壁或楼板,应设置金属或塑料套管。安装在楼板内的套管,其顶部应高出装饰地面 20mm;安装在卫生间及厨房内的套管,其顶部应高出装饰地面 50mm,底部应与楼板底面相平;安装在墙壁内的套管其两端与饰面相平。穿过楼板的套管与管道之间缝隙应用阻燃密实材料和防水油膏填实,端面光滑。穿墙套管与管道之间缝隙宜用阻燃密实材料填实,且端面应光滑。管道的接口不得设在套管内。

(10)穿过吊顶的各种管道根部应用专用配件管件封扣处理。

(11)对于公共建筑的设备层,应按设计要求,对管道进行文字和涂色标识:蒸汽——红色;生活给水——底色绿色,黄色色环;热水——底色绿色,蓝色色环;中水——绿色;消防——红色(消防局规定)。

5.3　室内给水安装

(1)给水引入管与排水排出管的水平净距不得小于 1m。室内给水与排水管道平行敷设时,两管间的最小水平净距不得小于 0.5m;交叉铺设时,垂直净距不得小于 0.15m。给水管应铺在排水管上部,若给水管必须铺在排水管的下部时,给水管应加套管,其长度不得小于排水管管径的 3 倍。

(2)给水水平管道应有 2‰~5‰的坡度坡向泄水装置;给水立管和装有 3 个及 3 个以上配水点的支管始端,均应安装可拆卸的连接件。

(3)冷、热水管和水龙头并行安装时,应符合:

①上下平行安装时,热水管应在冷水管的上方;

②垂直安装时,热水管应在冷水管面向的左侧;

③卫生器具上安装冷、热水龙头时,热水龙头应安装在面向的左侧。

(4)安装箱式消火栓,栓口应朝外,并不应安装在门轴侧,栓口距地 1.1m,允偏差 ±20mm;阀门中心距箱侧面为 140mm,距箱后内表面为 100mm,允许偏差±5mm;箱体安装垂直度允许偏差 3mm。

5.4　室内排水安装

(1)排水管道管与管、管与立管的连接,应采用 45°三通或 45°度四通和 90°斜三通或 90°斜四通。立管与排出管端部的连接,宜采用 2 个 45°弯头或弯曲半径不小于 4 倍管径的 90°弯头。

(2)立管上应每两层设置一个检查口,但在最低层和有卫生器具的最高层必须设置,其高度由地面至检查口中心一般为 1m±20mm,应高于卫生器具上边缘 150mm。在连接 2 个及 2 个以上座便器或 3 个及 3 个以上卫生器具的污水管应设置清扫口。污水管起点的清扫口与管道相垂直的墙面距离,不得小于 200mm,若污水管起点设置堵头代替清扫口,与墙面距离不得小于400mm,在转角小于135°的污水管上,应设置检查口或清扫口。

(3)通气不得与风道或烟道连接,高出屋面不得小于300mm,在通气管出口4m以内有门窗,通气管应高出门窗顶600mm或引向无门窗一侧;在经常有人停留的平屋面上,通气管应高出2m。

(4)ϕ75mm以下(含75mm)的立管管道,间距不大于1m,每层不少于2个固定支撑;75mm以上立管管道,每层加一个固定支撑。水平主干管在始末端必须加固定支撑,中间部位,ϕ75mm以下(含75mm)每50cm设1个固定支撑;ϕ75mm以上每1m设1个固定支撑。水平干管变径处,大边角在下,小边角在上;立管变径处,小边角靠墙面。

5.5　卫生器具安装

(1)卫生器具的安装应采用预埋螺栓或膨胀螺栓安装固定。

(2)排水栓和地漏的安装应平正、牢固,低于排水表面,周边无渗漏。地漏水封高度不得小于50mm。

(3)厨房、卫生间的墙根处,地漏、座便等部位应按设计及标准图集,进行防水加强处理。

6 建筑电气工程

6.1 材料质量

(1)工程所使用的主要材料、成品、半成品、配件、器具和设备必须具有中文质量合格证明文件,规格、型号及性能检测报告应符合国家技术标准或设计要求,进场时应做检查验收,并经监理工程师核查确认。

(2)主要设备必须有完整的安装使用说明书,在运输、保管和施工过程中,应采取有效措施防止损坏或腐蚀。

(3)进口电气设备、器具和材料进场验收,应提供商检证明和中文的质量合格证明文件、规格、型号、性能检测报告以及中文的安装、使用、维修和试验要求等技术文件。

(4)实行生产许可证和安全认证制度的产品,应有许可证编号和安全认证标志。

(5)凡列入登记备案管理范围的建设工业产品,均应登记备案并取得当地工业产品备案证,未办理登记备案手续的,不得用于建设工程中。

6.2 电气配管

(1)金属的导管必须接地(PE)或接零(PEN)可靠。

(2)金属导管严禁对口熔焊连接;镀锌和壁厚小于或等于 2mm 的钢导管不得套管熔焊连接。以专用接地卡跨接的两卡间连线为铜芯软导线,截面积不小于 $4mm^2$。采用套管连接时,套管度宜为管外径的 1.5~3 倍,对口处应位于套管中心;采用焊接时,焊缝应牢固严密;采用紧定螺钉连接时,螺钉应拧紧,在振动的场所,紧定螺钉应有防松动措施。连接处两端应焊接跨接接地线或采用专用接线卡跨接。

(3)当电线保护管遇下列情况之一时,中间应增设接线盒或拉线盒:

①管每超过 30m,无弯曲;

②管每超过 20m,有一个弯曲;

③管每超过 15m,有 2 个弯曲;

④管每超过 8m,有 3 个弯曲。

金属电线保护管和金属盒(箱)必须与保护地线有可靠的电气连接。电线保护管的弯曲处,不应有褶皱、凹陷和裂缝,且弯曲程度不应大于管外径的 10%,配管的弯曲半径不宜小于管外径的 6 倍。

(4)当导管在砌体上剔槽埋设时,应采用强度等级不小于 M10 的水泥砂浆抹面保护,保护层厚度大于 15mm。

(5)金属导管的内外壁应做防腐处理;埋设于混凝土内的导管内壁应做防腐处理,外壁可不做防腐处理。

(6)建筑物的顶棚内,必须采用金属管、金属线槽布线;吊顶上的灯位及电气器具位置先放样,且与土建及各专业施工单位商定,才能在吊顶内配管;接入器具的柔性导管的度在照明工程中不大于1.2m。

(7)保护电线塑料管的外壁应有间距不小于1m的连续阻燃标记和制造厂标;塑料管管口平整光滑;管与管、管与盒(箱)等器具采用插入法连接时,连接处结合面涂专用胶合剂,接口牢固密封。

(8)金属软管与刚性金属导管、桥架(线槽)、设备、器具等的连接采用专用接头,过渡连接处应做接地跨接。

(9)火灾自动报警、联动系统敷设的金属软管外壁应同刚性金属导管一样,进行防火处理。

(10)复合型金属软管阻燃指标应满足建筑装修设计要求并提供相应的材质证明或检测报告。

6.3　电气配线

(1)当导线的连接设计无特殊规定时,导线的芯线应采用焊接、压板压接或套管连接。

(2)电线、电缆的回路标记应清晰,编号准确。

(3)顶棚内由接线盒引向器具的绝缘导线,应采用可挠金属电线保护管或金属软管等保护,导线不应有裸露部分。

(4)当采用多相供电时,同一建筑物、构筑物的电线绝缘层颜色选择应一致,即保护地线(PE线)应是黄绿相间色,零线用淡蓝色;相线用:A相——黄色、B相——绿色、C相——红色。

(5)线盒内导线的预留度不宜小于150mm。

6.4　管内穿线

(1)管内穿线宜在建筑物抹灰、粉刷及地面工程结束后进行,穿线前,应清除管内杂物和积水。管口应有保护措施,不进入接线盒(箱)的垂直管口穿入电线、电缆后,管口应用胶带密封。

(2)不同回路、不同电压等级和交流与直流的电线,不应穿于同一导管内,但下列几种情况或设计有特殊规定除外:

①电压为50V及以下的回路(不含火灾自动报警系统);

②同一台设备的电机回路和无抗干扰要求的控制回路;

③照明花灯的所有回路;

④同类照明的几个回路,可穿入同一根管内,但管内导线总数不应多于8根。

(3)同一交流回路的导线应穿于同一钢管内。导线在管内不应有接头和扭结,接头应设在接线盒内。管内导线包括绝缘层在内的总截面积不应大于管子内空截面积的40%。

(4)暗敷在现浇板内的配管应在吊顶上板前吹管、穿线,发现不通及时整改,确保上板后不再上顶棚作业;上板后把灯位定好、开孔。

6.5 电气照明

(1)安装电气照明装置时,应采用预埋吊钩、螺栓、螺钉、膨胀螺栓、尼龙塞和塑料塞,固定严禁使用木楔。当设计无规定时,上述固定件的承载能力应与电气照明装置的重量相匹配。

(2)危险性较大及特殊危险场所,当灯具距地面高度小于2.4m时,应使用额定电压为36V及以下的照明灯具,或有专用保护措施。

(3)当灯具距地面高度小于2.4m时,灯具的可接近裸露导体必须接地(PE)或接零(PEN)可靠,并应有专用接地螺栓,且有标识。

6.6 灯具安装

(1)灯具及其配件应齐全,无机械损伤、变形、涂层剥落或灯罩破裂等缺陷。灯具不得直接安装在可燃构件上;当灯具表面高温部位靠近可燃物时,应采取隔热、散热措施。

(2)配电室高低压配电设备及裸母线的正上方不应安装灯具。

(3)对装有白炽灯泡的吸顶灯具,灯泡不应紧贴灯罩;当灯泡与绝缘台间的距离小于5mm时,灯泡与绝缘台间应采取隔热措施。

(4)采用钢管做灯具的吊杆时,钢管内径不应小于10mm,钢管厚度不应小于1.5mm。吊链灯具的灯线不应受拉力,灯线应与吊链编叉在一起。软线吊灯的软线两端应做保护扣;两端芯线应搪锡。同一室内或场所成排安装的灯具,其中心线偏差不应大于5mm。灯具固定应牢固可靠。每个灯具固定用的螺钉或螺栓不应少于2个;当绝缘台直径为75mm及以下时,可采用1个螺钉或螺栓固定。公共场所用的应急照明灯和疏散指示灯,应有明显的标记,无专人管理的公共场所照明宜装设自动节能开关。

(5)当灯具重量大于3kg时,应采用预埋吊钩或螺栓固定;当软线吊灯灯具重量在0.5kg及以下时,采用软线自身吊装,大于0.5kg的灯具采用吊链,且软电线编叉在吊链内,使电线不受力。

(6)嵌入顶棚内的灯具应固定在专设的框架上,导线不应贴近灯具外壳,且在灯盒内应留有余量,灯具的边框应紧贴在顶棚面上。矩形灯具的边框宜与顶棚面的装饰直线平行,其偏差不应大于5mm。日光灯管组合的开启式灯具、灯管排列应整齐。其金属或塑料的间隔片不应有扭曲等缺陷。

(7)花灯吊钩圆钢直径不应小于灯具挂销直径,且不应小于6mm。大型花灯的固定及悬吊装置,应按灯具重量的2倍做过载试验。

6.7　开关、插座

(1)安装在同一建筑物、构筑物内的插座,应采用同一系列的产品。

(2)插座的安装高度应符合设计规定,当设计无规定时,距地面的高度不宜小于1.3m,同一场所安装的插座高度应一致。并列安装的相同型号的插座高度差不宜大于1mm。落地插座应具有牢固可靠的保护盖板。

(3)插座的接线:单相两孔插座,面对插座的右孔或上孔与相线连接,左孔或下孔与零线连接;单相三孔插座,面对插座的右孔与相线连接,左孔与零线连接;单相三孔、单相四孔及三相五孔插座的接地(PE)或接零线(PEN)接在上孔。插座的接地端子不与零线端子连接。同一场所的三相插座,接线的相序应一致。接地(PE)或接零线(PEN)在插座间不串联连接。当交流、直流或不同电压等级的插座安装在同一场所时,应有明显的区别,且必须选择不同结构、不同规格和不能互换的插座;配套的插头应按交流、直流或不同电压等级区别使用。

(4)暗装的插座应采用专用盒,专用盒的四周不应有空隙,且盖板应端正,并紧贴墙面。在潮湿场所,应采用密封良好的防水防溅型插座,其安装高度不低于1.5m。

(5)安装在同一建筑物、构筑物内的开关,应采用同一系列的产品。开关的通断位置应一致,且操作灵活,接触可靠。开关安装的位置应便于操作,且不宜装在门后。开关边缘距门框边缘的距离为0.15~0.2m,开关距地面高度宜为1.3m,拉线开关距地面高度宜为2~3m,且拉线出口应垂直向下。

6.8　照明配电箱

(1)照明配电箱的金属框架必须接地(PE)或接零(PEN)可靠;装有电器的可开启门,门和框架的接地端子间应用裸编织铜线连接,且有标识。

(2)配电箱内配线整齐,无铰接现象。导线连接紧密,不伤芯线,不断股。回路编号齐全,标识正确。配电箱内应分别设置零线(N)和保护地线(PE)汇流排,零线和保护地线经汇流排配出。箱体开孔与导管管径适配,暗装配电箱箱盖紧贴墙面,箱体与建筑物、构筑物墙面接触部分应涂防腐漆。

(3)配电箱应安装牢固,垂直度允许偏差为1.5‰;底边距地面宜为1.5m,照明配电板底边距地面不小于1.8m。

6.9　防雷

(1)雷网和雷带宜采用圆钢或扁钢。圆钢直径不应小于8mm,扁钢截面不应小于100mm^2,其厚度不应小于4mm。当烟囱上采用雷环时,其圆钢直径不应小于12mm,扁钢截面不应小于100mm^2,其厚度不应小于4mm。

(2)采用多根引下线时,宜在各引下线上于地面(±0)0.5m处装设断接卡。利用钢筋做引下线时,应在室内外适当地点设连接板,该连接板可供测量,接人工接地体和做等电位连接用。当仅利用钢筋做引下线并采用埋于土壤中的人工接地体时，应在每根引线上于地面0.5m 处设接地连接板。每栋建筑物设置的检测点通常不少于 2 个，并应做出标记。

（3）埋于土壤中的人工垂直接地体宜采用角钢、钢管或圆钢；埋于土壤中的人工水平接地体宜采用角钢、圆钢，圆钢直径不应小于 10mm，扁钢截面不应小于 100mm^2，其厚度不应小于 4mm，角钢厚度不应小于 4mm，钢管壁厚不应小于 3.5mm。人工垂直接地体长度宜为2.5m，接地体的距离及人工水平接地体间的距离宜为 5m；埋设深度不应小于 0.6m。

（4）当设计无要求时，突出屋面的放散管、风管、烟囱等物体可不装接闪器，但应和屋面防雷装置相连。在屋面接闪器保护范围之外的非金属物体应装设接闪器，并和屋面防雷装置相连。

（5）雷网带焊缝应饱满均匀，满足搭接度，防腐良好。